AF332723

L'AGRICULTURE

SES BESOINS

SES ASPIRATIONS

PAR

CH. DEHAIS

ÉVREUX

IMPRIMERIE DE AUGUSTE HÉRISSEY

—

1870

L'AGRICULTURE

SES BESOINS, SES ASPIRATIONS

Ayant vécu au milieu des cultivateurs, les estimant, appréciant leurs travaux aussi utiles qu'honorables, par conséquent les aimant beaucoup, j'ai cherché, et je cherche encore — de là cette étude — à fixer leur rôle dans l'État et dans la société.

L'agriculture, qu'Henri IV appelait la mamelle nourricière, fut depuis la création du monde la profession recherchée et honorée par excellence. Le premier homme fut un laboureur, et le dernier, s'il peut retarder sa mort, sera encore laboureur. Cincinnatus préférait sa charrue à la gloire du champ de bataille.

Dans les temps modernes, la terre était toute-puissante alors que l'industrie naissante grandissait sous sa tutelle ! Sœur un peu oublieuse dans ce siècle, où nous entendons répéter à chaque instant cette devise facile et ingrate : *Sans industrie, pas d'agriculture.*

Agriculteurs, prenez garde ! moins que jamais vous ne pouvez abdiquer : on nous promet la liberté, c'est-à-dire la libre discussion de nos intérêts politiques et commerciaux. Retenez-le bien, sans liberté politique, pas de liberté commerciale, pas de sûreté, pas de confiance dans le monde des affaires. Les protectionnistes viennent d'en faire une cruelle épreuve; à aucun prix, il ne faut la recommencer : la libre discussion pour tous.

[...]ment, jusqu'ici, le cultivateur continue à vivre et à [...] un cercle trop restreint : de là pas d'union, pas de [...] solidarité, la collectivité, la coopération, voilà les leviers [...] neuvième siècle.

Voyez, pour l'exemple, la puissance des chambres de commerce : elles protestent contre une enquête officielle; soyez sûrs que pour cela même il n'en peut rien sortir d'utile, et qu'on sera forcé de revenir à elles. Imitez leur entente, vous aurez leur force.

Mais, me direz-vous, où prendre ce centre, ce mot d'ordre qui doit nous grouper, nous réunir? Eh! n'avez-vous pas vos comices agricoles, force inerte aujourd'hui, mais puissance demain, si vous savez les composer d'hommes habiles et indépendants, qui ne vous manqueront pas certes, quand derrière eux ils sentiront une armée d'électeurs convaincus et énergiques. Pour atténuer vos fautes, diminuer vos regrets, je ne puis là me servir d'une excuse commode : accuser le gouvernement, sur lequel vous avez toujours trop compté pour la défense de vos intérêts. Plus heureux que les chambres de commerce, nommées par des électeurs du choix officiel, votre indépendance a été sauvegardée. Après tout, n'est-ce pas une preuve de votre propre impuissance et de l'indifférence dans laquelle vous restez ?

Rappelez-vous l'enquête agricole de 1866, que nous pouvions cependant croire sérieuse : code rural et enquête agricole ne sont-ils pas restés enfouis dans les cartons du conseil d'État, d'où ils ne sortiront que par l'irrésistible force de vos votes ?

Le président de cette enquête dans le département de l'Eure fut M. Suchet d'Albuféra, député. Sur vingt-cinq membres, cinq sont agriculteurs; mais on y voit le secrétaire général de la préfecture de l'Eure, un conseiller d'État, un ingénieur, et aussi plusieurs notaires. Inutile d'ajouter que cette commission fut nommée par voie administrative.

A la séance d'enquête tenue à Évreux le 15 novembre 1866, deux déposants furent entendus ; à Bernay, le 16, trois, dont pas un agriculteur ; aux Andelys, le 17, un seulement ; à Louviers, le 19, un seul encore ; et le 20, à Pont-Audemer, deux déposants furent entendus. Les séances furent naturellement très-courtes, elles varièrent entre une heure et demie et trois heures.

Cette commission d'enquête orale, soit par sa composition, soit par son mode d'élection, n'inspira pas la confiance, et les contradicteurs n'osèrent pas se risquer, comme ils le disaient très-bien, dans cette éloquence dont ils se méfiaient trop.

A côté de l'enquête orale, nous avons eu l'enquête écrite, par demandes et réponses : quatre-vingts personnes répondirent à cet appel. Rien d'étonnant dans cette énorme différence entre les deux sortes de déposants. La vérité, je crois, gagne toujours à la contradiction ; aussi devons-nous toujours être partisans du débat contradictoire. Mais, en réfléchissant aux hommes qu'on allait questionner, interroger, doutant de leur savoir, se méfiant, comme je l'ai dit plus haut, de leur éloquence devant des adversaires rompus et habiles en ces débats, il n'y avait pas de doute que l'enquête écrite devait l'emporter sur l'enquête orale ; aussi est-ce là que nous allons chercher la vérité, c'est-à-dire les besoins et la guérison.

Avant de commencer, constatons avec regret, chez les agriculteurs, cette indifférence, cette insouciance même de leurs intérêts les plus chers. Pour réussir, il faut vouloir ; pour vouloir, il faut chercher. Or, cherchons donc ensemble, sans passions, sans rancunes, avec l'espoir sinon de mieux faire, au moins de mieux conseiller.

Si vraiment il est aussi facile qu'on le dit de faire l'ordre avec du désordre, l'enquête agricole de 1866 aura été très-utile.

En effet, comment reconnaître, au milieu de ces réclamations contradictoires et souvent personnelles, ce juste milieu où peut se produire le bien? Protection pour mes laines, dit l'un, mais libre exportation pour mon beurre, pour mes œufs. Qu'on proclame le libre échange, dit l'autre, mais qu'on rétablisse la taxe sur la boulangerie et sur la boucherie. Même contradiction entre chaque déposant. Et notez que cela se passe dans le même département; et dans chaque département, si l'un déclare qu'il faut par hectare 1,000 francs de capital, et qu'on y entretient un tiers de têtes de bétail; le voisin, lui, vient déposer que par hectare il faut 2,000 francs de capital, et qu'on possède généralement deux tiers de têtes de bétail.

L'agriculture n'est pas un état comme un autre : les besoins, les moyens diffèrent avec le sol et avec les hommes.

Comment se former un sentiment exact de l'intérêt général au milieu de ces dépositions aussi particulières que différentes? Que sera-ce quand, par un code, il faudra réglementer les situations agricoles du Nord et du Midi, de l'Ouest et de l'Est? La tâche, nous le reconnaissons volontiers, sera ardue, difficile; mais elle est possible, parce qu'elle ne peut être retardée plus longtemps, et que n'importe quel code agricole sera préférable au désordre législatif qui régit la matière.

Une lutte, grandiose comme les intérêts qui sont en jeu, est commencée : industriels, négociants, ouvriers, discutent en ce moment cette grande, cette énorme question de vie ou de mort pour le pays, la question du libre échange. Agriculteurs, on ne peut la résoudre sans vous, malgré vous. Pesez bien les faits, réfléchissez beaucoup sur les paroles, mais montrez-vous...

Pour ma part, je crois le libre échange profitable, nécessaire même à l'agriculture. Elle en a été la première victime par la suppression de l'échelle mobile; c'est à elle qu'on a demandé le premier sacrifice : à elle la première victoire. Oui, seul, le libre échange peut réaliser ce beau rêve : la vie à bon marché. Mais je demande l'égalité pour toutes les charges qu'un citoyen doit à son pays. Devant l'invasion pacifique de l'étranger, il me faut l'égalité de l'impôt. Nous lutterons avec lui, nous demandons seulement que dans ce duel les épées soient de même longueur. Cette épée, c'est l'impôt qui nous écrase et se retourne contre nous. Il ne faut pas que nous payions 15 et 20 francs de l'hectare, quand l'Allemagne, la Russie ne payent que 3 ou 5 francs; il ne faut pas que les blés étrangers circulent sans droits sur nos chemins de fer, pendant que nous, pauvres fermiers, nous sommes écrasés par la prestation et les centimes additionnels. N'oublions pas non plus qu'en France le cheval et la voiture qui traînent le citadin, ou la demi-mondaine du bois de Boulogne, ne payent pas la prestation qui écrase le laboureur. Ah! je connais la réponse qu'on va me faire : *Les prestations sont rachetées par les villes, et ces dernières n'ont-elles pas à subir l'impôt si dur de l'octroi?* Soit; vidons, une bonne fois pour toutes, cette question de l'octroi. Sur qui pèse-t-il? est-ce sur les villes? est-ce sur les campagnes? car villes et campagnes réclament contre lui. La réponse est celle de M. de la Palisse : il pèse sur tous. Habitants des villes, habitants des campagnes, les échanges nous sont indispensables, et si besoin est de les taxer, le prix diminue d'autant pour le vendeur qu'il renchérit pour l'acheteur. Moitié à la production , moitié à la consommation, l'octroi pèse sur les uns comme sur les autres : ne l'invoquez donc pas contre nous.

Autrefois la terre était tout, le capital existait à peine, et cependant, comme aujourd'hui, il fallait que l'État pût vivre : pas d'impositions, pas d'État. On a donc dit aux propriétaires de cette belle France : Vous demandez protection, garantie pour vos terres? Payez donc cette assurance que vous nous demandez, et que nous vous accordons. Rien de plus juste.

Jetons maintenant un regard sur le présent, où la terre a perdu un tiers de sa valeur, où le capital est tout. Ingrat, qui oublie les entrailles dont il est sorti. Puissance qui fait et défait les fortunes, qui s'intitule le nerf de la guerre, la volupté de la paix, le roi du jour !

En un mot, le riche, voilà l'imposable.

Je demande, comme en Angleterre, comme en Allemagne, l'*income tax*, l'impôt sur le revenu. Il faut que vous changiez la base de l'impôt; à cette condition seule la vie à bon marché et rémunératrice pour le laboureur sera possible.

Nous vous donnons le meilleur sang de la France pour défendre nos frontières; vous reconnaissez en pleine tribune que nous représentons la morale en France! Vous flattez vraiment trop notre amour pour les candidats officiels, et vous ne faites rien pour nous, pas même *l'embrigadement des gardes champêtres*, que nous vous réclamons depuis si longtemps. L'argent a besoin de protection comme le sol; rappelons l'emprunt mexicain, et passons en réclamant énergiquement une meilleure répartition entre la fortune mobilière et la fortune immobilière.

Il est constant aujourd'hui qu'un nouveau cadastre est de première nécessité pour établir l'assiette de l'impôt et garantir la propriété de chacun. Celui actuel remplit mal ce but : les trois classes de terres qu'on avait voulu établir ont changé comme les maîtres qui les ont possédées, et chacun ne peut y retrouver son compte exact. Telle commune devrait posséder 500 hectares de terre qui n'en possède réellement que 480. Insistons aussi pour que le gouvernement aide la grande culture par une diminution des droits d'enregistrement sur les échanges. Le gouvernement se plaint avec nous du dépeuplement des campagnes, et il fait tout pour attirer les ouvriers dans les villes : exemptions d'impôts au-dessous de 400 francs de loyer, travaux d'embellissements, travaux exécutés souvent avec l'argent et toujours avec les bras de nos ouvriers des campagnes. Nous admirons l'assistance publique dans les villes; mais pourquoi ne pas faire quelque chose pour nos malheureux paysans, envers lesquels l'assistance privée est trop souvent impuissante?

Réclamons contre la mendicité, en proclamant le droit à l'assistance publique. Ici, une simple question : Pourquoi la mendicité, défendue dans les villes, est-elle, je ne dirai pas permise, mais tolérée dans les campagnes?

Plus que n'importe quelle classe, le cultivateur est le point de mire des vagabonds et des délinquants : isolé souvent au milieu des champs, impuissant à défendre sa propriété ouverte à tous, il accorde ce qu'il ne peut défendre.

La commune, si l'État ne vient à son aide, ne peut secourir ses indigents, ni payer son garde champêtre; ce dernier, ne recevant qu'une rémunération insuffisante, est obligé pour vivre d'accepter la garde de propriétés particulières; et voilà le dualisme établi entre l'intérêt particulier et l'intérêt général : ce dernier succombe toujours.

S'il existe une industrie essentiellement française, c'est-à-dire progressive et agricole, rémunératrice et bienfaisante pour les ouvriers français, pour le sol français, c'est certes l'industrie sucrière. Elle est née sous le premier Empire, ce qui n'empêche pas le second de lui faire payer, par 100 kilogrammes de sucre vendus en moyenne 60 fr., un droit de 45 fr. La betterave, comme toutes les plantes sarclées, est aujourd'hui la base de toute culture amélioratrice ; avec elle, plus de blé, plus de viande ; et c'est cette plante indispensable que vous maltraitez si fort ! Vous invoquerez tout ce que vous voudrez : le droit des colonies, le droit maritime ; vous ne devez pas arrêter ainsi la consommation du sucre, le progrès de l'industrie et le progrès de l'agriculture, qui ne peuvent s'accomplir quand il semble qu'on prenne plaisir à accumuler toutes les taxes pour les ruiner, ou du moins en entraver l'essor en leur refusant l'aide et le secours auxquels ils ont droit.

La fabrication de l'alcool est encore dans de pires conditions, puisqu'elle paye 90 fr. par hectolitre fabriqué.

Vous poursuivez, vous dévorez l'agriculture jusque dans ses alliés.

Sur les capitaux et moyens de crédit pour aider l'agriculture, je ne saurais mieux dire que le rapport de la Commission d'enquête de Seine-et-Marne :

« La Commission constate qu'une des principales souffrances de l'agriculture est le manque de capitaux, ou tout au moins la difficulté qu'elle éprouve à s'en procurer. D'une part, le taux auquel elle trouve à emprunter est généralement trop élevé pour ses ressources; d'autre part, la difficulté du remboursement éloigne les capitalistes. Par ces diverses causes, elle est obligée de recourir aux modes d'emprunt les plus onéreux : l'achat à crédit, pour un prix trop élevé, des matières qui lui sont nécessaires; ou la vente à vil prix de ses produits, dans un moment de baisse, pour faire face à ses engagements.

« Les efforts du Gouvernement doivent donc tendre à augmenter les garanties que présente le cultivateur.

« C'est dans ce but qu'il conviendrait, conformément au projet de loi soumis au conseil d'État sur le Crédit agricole, de modifier les articles 2076 et suivants du Code Napoléon, en constituant, au profit du prêteur, un gage qui resterait entre les mains du fermier. Ce gage serait ainsi pour le prêteur une véritable garantie, et le fermier conserverait la jouissance d'objets mobiliers dont il ne pourrait se dessaisir sans être obligé d'abandonner son exploitation. Ce gage pourrait embrasser tout le matériel de la ferme : récoltes, bestiaux, instruments, etc., etc. Il serait primé par le privilége du propriétaire. Toutefois, comme ce privilége est beaucoup plus étendu qu'il n'est nécessaire pour que les intérêts du propriétaire soient complétement sauvegardés ; qu'au contraire le propriétaire a lui-même avantage à ce que son fermier puisse se procurer des ressources destinées à améliorer ses terres, la Commission propose de restreindre à deux années, en dehors de l'année courante, le privilége du propriétaire.

« D'un autre côté, il a été constaté que, si le manque de crédit du cultivateur tenait en partie à l'insuffisance des garanties qu'il présente, la protection exagérée dont les lois l'ont entouré dans ses rapports avec les capitalistes a beaucoup contribué à détourner de lui les capitaux. Il serait donc utile, en présence du développement général des idées de crédit, de rapprocher le plus possible sa situation de la situation du commerçant. La Commission estime conséquemment qu'il y aurait lieu d'édicter les mesures suivantes :

« 1° Assimilation facultative du cultivateur au commerçant, au moyen d'une déclaration faite par lui au greffe du tribunal de commerce;

« 2° Assimilation obligatoire du cultivateur au commerçant pour le payement de tout billet par lui souscrit ou endossé, dans les termes du projet précité.

« En outre, la Commission est d'avis qu'il y aurait lieu :

« 1° De rapprocher le crédit des cultivateurs par la fondation d'institutions dans tous les centres importants;

« 2° De favoriser la création d'institutions de crédit agricole dans les campagnes, afin de faciliter aux cultivateurs les prêts au meilleur compte possible. »

En ce qui regarde l'instruction agricole, les fermes-modèles sont de belles créations; mais un bon maître d'école, agriculteur praticien et théoricien, ferait beaucoup mieux dans son village. Rien dans l'instruction primaire, telle qu'elle est enseignée aujourd'hui, ne peut développer chez l'élève la vocation agricole. Que l'instituteur réagisse contre ces dédains qui pèsent sur les ouvriers agricoles; qu'il répète sans cesse que le métier n'honore pas l'homme, mais que l'homme honore le métier, et que garder les vaches vaut bien soigner les singes. Tout paysan devrait savoir arpenter; le tâcheron ne peut s'en dispenser, et cependant cette science est rarement démontrée dans nos villages.

L'horticulture plairait toujours ; cette sœur plus jeune, plus gracieuse de celle dont nous nous occupons, serait d'un bon enseignement pour ramener à elle les esprits qui la méconnaissent.

Le salaire de l'ouvrier agricole est le moins élevé ; voilà la meilleure preuve des souffrances de cette nourrice du genre humain ; voilà l'axiome économique : plus une industrie est prospère, plus l'ouvrier gagne.

La profession qui ne peut pas payer un prix rémunérateur, ni exciter, par sa position enviable, l'émulation de l'ouvrier, est condamnée à végéter. Ne vous étonnez donc pas si, en ce temps de fortunes conquises rapidement, on l'a vue si négligée, en haut comme en bas de l'échelle sociale. Et cependant cette profession, saine au corps comme à l'esprit, anoblit le cœur; oui! anoblit ce cœur que vous nous citez toujours comme le refuge de l'amour impérial, dont vous ne pourrez jamais faire un ingrat, puisque vous ne lui avez rien donné, mais dont vous pourrez vous faire un irréconciliable ennemi, si vous ne l'aidez pas par vos actes.

Le glanage et la vaine pâture doivent être supprimés ; ils vont contre leur but en encourageant la paresse des uns et violant la propriété des autres.

Voilà donc des besoins bien réels qui demandent satisfaction ; elle ne peut plus être retardée. Propriétaires, fermiers, ouvriers agricoles, vos intérêts sont solidaires. Une enquête parlementaire va avoir lieu, le Gouvernement doit la désirer ; en tout cas, il ne peut l'éviter. Réunissez-vous en comices, en meetings : de votre libre discussion sortira la vérité. Ne laissez plus aux industriels le droit d'invoquer votre intérêt pour servir leur défense, selon qu'ils sont libre-échangistes ou protectionnistes.

L'enquête, disons-nous, doit être parlementaire ; rappelez donc à vos députés les belles promesses de leur programme de l'an dernier : s'ils ne les ont pas oubliées, si vraiment ils veulent être l'écho fidèle, sincère, de vos désirs, de vos besoins, ils viendront écouter vos plaintes, pour en être l'écho fidèle dans cette session législative d'où sortira votre prospérité ou votre ruine.

Sous Louis-Philippe, l'électeur censitaire était une puissance : le cultivateur créait les députés et renversait les ministères. On venait à la charrue flatter ses goûts, son ambition, s'enquérir de l'intérêt agricole : il n'allait pas au pouvoir, le pouvoir venait à lui ! Mais ces courtisans tuèrent sous eux le gouvernement parlementaire, qui demande à renaître aujourd'hui.

Le suffrage restreint est devenu le suffrage universel, il a fait table rase de vos priviléges, de votre influence. Vous l'avez accepté sans peur, sans peur il faut savoir s'en servir : se taire, pour les gouvernants, est synonyme d'être heureux, et c'est votre faiblesse qui fait leur force.

Écrasée d'impôts, retenue dans les vieilles lisières des usages locaux, l'agriculture s'est-elle toujours tenue à la hauteur des procédés nouveaux, de la culture amélioratrice du dix-neuvième siècle ? J'adresse ma question à ces hommes intelligents, qui honorent et perfectionnent n'importe quel métier auquel ils touchent.

Je ne doute pas qu'ils concluent avec moi que le progrès agricole marche trop lentement, qu'on doit abandonner à la vieille routine la culture triennale. Chaque cultivateur doit être juge de ses moyens, de sa position matérielle, pour accepter telle culture de préférence à telle autre, sans prendre pour base la production des céréales, mais la production de la viande, et par là j'entends tout ce qui se rapporte au bétail. Ainsi donc, faites plus de plantes fourragères, plus de racines, et aussi plus de cultures industrielles. De l'accord de l'agriculture et de l'industrie dépend leur richesse; et ces deux sœurs, pour pouvoir donner de belles dots à ceux qui les épousent, doivent s'entendre, s'entr'aider dans cette enquête parlementaire qui prouvera la solidarité de leurs intérêts. Mais abdiquer, jamais !

Quel beau talent, me direz-vous, vous a déterminé à écrire cette brochure ?

Voici ce que j'ai lu l'autre jour dans un journal financier très-répandu, *la Semaine financière :*

« L'agriculture a eu son enquête ; elle se plaignait, elle ne pouvait vivre ; l'enquête n'était pas terminée, que la situation avait changé du tout au tout ; les prix se sont relevés, et l'on n'entend plus parler des griefs de l'agriculture. »

Voilà donc comment les agioteurs de la Bourse, qui ne payent pas un sou d'impôt, discutent votre situation présente! Vous êtes méconnus, raillés. Continuerez-vous encore à vous taire? Vous êtes dix-neuf millions de Français : continuerez-vous encore à vous laisser traiter comme ne le souffrirait pas la plus faible minorité du pays?

J'ai voulu protester, — me donnerez-vous tort ?

CH. DEHAIS.

Évreux, 5 février 1870.